Crisálida Villegas González

A economia circular num contexto transcomplexo

Crisálida Villegas González

A economia circular num contexto transcomplexo

Descobrir tendências e desafios

ScienciaScripts

Imprint

Any brand names and product names mentioned in this book are subject to trademark, brand or patent protection and are trademarks or registered trademarks of their respective holders. The use of brand names, product names, common names, trade names, product descriptions etc. even without a particular marking in this work is in no way to be construed to mean that such names may be regarded as unrestricted in respect of trademark and brand protection legislation and could thus be used by anyone.

Cover image: www.ingimage.com

This book is a translation from the original published under ISBN 978-613-8-98526-6.

Publisher:
Sciencia Scripts
is a trademark of
Dodo Books Indian Ocean Ltd. and OmniScriptum S.R.L publishing group

120 High Road, East Finchley, London, N2 9ED, United Kingdom
Str. Armeneasca 28/1, office 1, Chisinau MD-2012, Republic of Moldova, Europe
Printed at: see last page
ISBN: 978-620-7-49077-6

ÍNDICE

APRESENTAÇÃO 3

I. A ECONOMIA CIRCULAR COMO MODELO DE PRODUÇÃO E
CONSUMO SUSTENTÁVEIS 6

    Definição, objectivos, base 6

    A economia circular como uma tendência na economia verde 12

    10 R's da economia circular 15

II. TENDÊNCIAS DA ECONOMIA CIRCULAR 19

    Tendências do emprego 23

    Tendências de gestão 28

    Tendências legislativas 31

    Tendências financeiras 35

    Tendências fiscais. 38

    Escolas de pensamento 42

III. A ECONOMIA CIRCULAR E A ABORDAGEM TRANSCOMPLEXA 48

    Complexidade dos ecossistemas sociais vivos 48

    Complexidade, ciências da complexidade e pensamento complexo ..51

    Abordagem transdisciplinar da economia circular 57

REFERÊNCIAS 65

APRESENTAÇÃO

As tendências são entendidas como correntes, movimentos ou escolas que orientam ou dão direção a pessoas, ideias ou temas, para determinados fins, durante um determinado tempo e lugar, neste caso referindo-se à economia circular. Uma rápida consulta na internet mostra um artigo de Suz Okie (2023) que propõe três tendências: circularidade na tecnologia climática, compromisso de embalagem e revenda; um da Expok (2022) que aponta oito tendências: conversão de resíduos em recursos, reutilização, internet de resíduos, Inteligência Artificial, materiais de base biológica, remanufatura, blockchain, reparação.

Um terceiro artigo de Martínez (2023) intitulado Tendencias de la economía circular en las ciudades: contratación pública con criterios de economía circular, proyectos de innovación, empoderamiento de la ciudadanía, sistemas agroalimentarios locales, fomento de la circularidad en la construcción; el Informe Sectorial economía verde y circular (2022) plantea tres tendencias: energías renovables, generación energética distribuida y electrificación; tendencias. Por sua vez, Tecniberia (2022) propõe outras três: eliminação de resíduos, recuperação e/ou regeneração de energia e eco-design. Da mesma forma, tendências laborais, de gestão, jurídicas, fiscais e financeiras, entre outras.

Tendo em conta o que precede, o texto aqui apresentado, **Economia circular no contexto transcomplexo. Descobrindo tendências e desafios, está** estruturado em três capítulos. O primeiro capítulo. **A economia circular como modelo de produção e consumo sustentável**, que define o conceito de economia circular, descreve os seus objectivos e fundamentos. A economia circular como uma tendência da economia verde. Assim como os 3Rs (reduzir, reutilizar e reciclar); 5Rs (incorporando: reparar e recuperar); 7Rs (incorporando redesenhar e renovar); 9Rs (incorporando: repensar, restaurar, remanufaturar e reaproveitar) e 10 R's da economia circular (reordenar, reformular, reduzir, reutilizar, remanufaturar, reciclar, revalorizar, redesenhar, recompensar e renovar).

A segunda, **"Tendências da economia circular"**, apresenta quatro tendências, segundo Landinez-Safra e Rodríguez Arenas (2022): factores organizacionais, institucionais e de consumo; barreiras organizacionais, educação, planeamento estratégico, finanças, políticas; práticas como o fecho do ciclo, a prevenção da poluição, a conceção, a produção e a gestão, e o desempenho económico, ambiental e de gestão.

Tendências laborais segundo López Álvarez (2022): energias renováveis, prolongamento da vida útil dos produtos, resíduos como recurso, repensar a empresa, trabalho colaborativo, eco-design e digitalização. Tendências de gestão segundo Meléndez (2023): economia regenerativa, eco-inovação e gestão integrada. Tendências legislativas de acordo com Perello e Martínez (2018): na Argentina, progresso em direção à circularidade, com a lei sobre o regime de promoção da geração distribuída de energia integrada na rede elétrica pública de 2017, e no Uruguai, projeto de lei sobre economia circular sustentável, 2017.

Também tendências financeiras de acordo com a ONU (2021): economia colaborativa, servitização e produtos como serviços (PaaS); bem como: obrigações, empréstimos verdes, empréstimos ligados à sustentabilidade (SLC) e investimentos ESG (UNEP Finance Initiative, 2020). Tendências fiscais para Sánchez Sancho (2023): tributação extrafiscal orientada para o meio ambiente, custo de reciclagem, bem como mecanismo de ajuste de fronteira de carbono, tributação corporativa e reforma tributária circular, entre outros, de acordo com Sedeño López (2021).

Também são abordadas neste capítulo as escolas de pensamento de acordo com Gabarda Balaguer (2018): ecologia industrial, design regenerativo; do berço ao berço, capitalismo natural, biomimética, economia do desempenho, bioeconomia e economia azul.

A terceira, **Economia Circular e Abordagem Transcomplexa**, refere-se à complexidade dos ecossistemas sociais vivos; à abordagem transdisciplinar da economia circular e à abordagem transcomplexa. O texto acima mostra os contributos do texto, reconhecendo que alguns destes aspectos não foram tratados de forma exaustiva e exigirão mais trabalho em futuras publicações.

I. A ECONOMIA CIRCULAR COMO MODELO DE PRODUÇÃO E CONSUMO SUSTENTÁVEIS

A economia circular é um modelo de produção e consumo que promove a sustentabilidade e a maximização da utilização dos recursos, proposto na União Europeia por Pearce e Turner (1990). Foi popularizado pelo arquiteto W. McDonough, que desde 2002 promove a produção de produtos 100% sustentáveis. A Fundação Ellen MacArthur tem vindo a desenvolver o conceito desde 2009. Em 2017, no Fórum Económico Mundial, McDonough (ob cit) foi apresentado como o pai da economia circular.

Definição, objectivos, base

Por **definição,** a economia circular é um modelo holístico que estimula o crescimento económico e gera emprego sem comprometer o ambiente. Contrasta com o modelo

tradicional de economia linear e procura eliminar os resíduos, fazer circular produtos e materiais e regenerar a natureza. De acordo com a ONU (2021), o atual modelo económico linear "take-make-waste" é esbanjador, extrativo e irresponsável em termos de esgotamento de recursos. Em contrapartida, para a Fundação Ellen MacArthur (2021), a economia circular é uma nova filosofia económica que emula os ciclos da natureza, onde não há desperdício, mas tudo é regenerado e restaurado.

De acordo com Stahel (2016), o   objetivo da economia circular é maximizar o valor em todos os pontos da vida de um produto. Por outras palavras, garantir que as matérias-primas, produtos e recursos permaneçam no ciclo de produção durante o maior tempo possível. Neste sentido, entre os **objectivos** da economia circular, o principal é a gestão mais proactiva dos recursos naturais, o que implica: prosperidade económica, preservação do valor dos materiais e produtos durante o maior tempo possível e maximização da utilização dos recursos. Além de proteger o ambiente, promover o desenvolvimento sustentável, minimizar a produção de resíduos e prevenir a poluição.

Em relação aos princípios **básicos**, segundo Adonis (2021), a economia circular baseia-se em três princípios: (a) utilização óptima dos recursos; (b) maximização da utilização dos materiais; bem como (c) preservação e melhoria dos sistemas naturais. Para a Ellen MacArthur Foundation (EMF, 2013c), baseia-se em cinco princípios: (a) planeamento da eliminação de resíduos; (b) criação de resiliência através da diversidade; (c) utilização de fontes renováveis; (d) pensamento sistémico; e (e) resíduos são alimentos. É sustentado por uma transição para as energias e materiais renováveis.

Para a norma ECBS8001 (BSI, 2017), existem seis princípios: pensamento sistémico, inovação, gestão, colaboração, otimização de valor e transparência. Para a Circular Economy Foundation (n.d.), baseia-se em princípios como: eco-conceção, ecologia industrial e territorial, funcionalidade, segunda utilização, reutilização, reparação e reciclagem. Por seu lado, Benoit de Guillebon citado por Marcet e Vergés (2018) propõe sete pilares da economia circular: eco-conceção, economia funcional, reutilização, reparação, fabrico, reciclagem e ecologia industrial. Para efeitos do presente texto, apenas são descritos os apresentados na figura 1 abaixo.

Figura 1.

Bases da economia circular

    O pensamento sistémico é um princípio básico necessário para compreender a economia circular e a forma como as decisões são tomadas no seu âmbito, uma vez que implica a capacidade de observar a realidade como um conjunto de partes complexas, dinâmicas e interligadas que se comportam de acordo com um padrão específico. É também a capacidade de resolver problemas dentro de um sistema complexo, a partir de uma perspetiva que tem em conta a totalidade do sistema e a interação entre as suas partes. Baseia-se no estudo multi e transdisciplinar dos sistemas como entidades constituídas por partes inter-relacionadas e interdependentes que, em conjunto, criam algo diferente da simples soma das suas partes.

Ecodesign. É um conceito introduzido por Papanek (1970) que consiste em incluir o ambiente como critério, para além da funcionalidade, segurança, ergonomia, entre outros, na conceção de produtos e sistemas. Atualmente é um conceito chave no plano de ação para a economia circular 2020 apresentado pela União Europeia no âmbito do Pacto Verde Europeu, segundo Talents (2021).

É uma prática que visa reduzir o impacto ambiental dos produtos e promover a sustentabilidade. É aplicada na fase de conceção e desenvolvimento de um bem ou serviço, com o objetivo de reduzir a pegada ecológica nas diferentes fases do ciclo de vida do produto: desde a extração das matérias-primas, transporte, fabrico, distribuição e utilização até ao fim da sua vida útil. O quadro 1 apresenta algumas características e exemplos de conceção ecológica.

Quadro 1

Características de conceção ecológica

Características	Exemplos
Desmontável e reciclável	Telemóvel Fairphone
Redução da utilização de materiais	Crazy bench (sistema de assentos com elementos intermutáveis)
Utilização de materiais sustentáveis	Marca de vestuário Patagonia
Redução do consumo de energia	Carro elétrico Testa
Durabilidade	Bagagem Samsonite
Reutilização	Garrafa de água reutilizável

Fonte: Compilado pelo autor com base em Repsol.com.

Eco-inovação. Segundo a ATRIA (2020), trata-se do desenvolvimento de novos produtos com um impacto ambiental reduzido ao longo do seu ciclo de vida. Um aspeto fundamental é a consciência social que deve substituir gradualmente a extração, a produção e a eliminação de materiais e produtos. Andersen (2008, p.26) define as eco-inovações "como aquelas que são capazes de atrair rendas verdes para o mercado". De acordo com Saint-Gobain (n.d.) é qualquer tipo de inovação que contribua para o desenvolvimento sustentável, reduzindo o impacto ambiental e utilizando os recursos.

Fabrico. A economia circular procura processos de fabrico que consumam pouca energia, não gerem resíduos e não gerem resíduos com impacto na sociedade e no ambiente. As atividades de **Reparação e Manutenção** (R&M) são um importante setor económico, os seus objetivos baseiam-se principalmente na manutenção do valor dos produtos através do prolongamento da sua vida útil, otimizando a gestão e utilização do stock de bens criados e não apenas na produção de bens. Para Stahel (2019, p.10) a reparação é uma atividade que prolonga a vida útil dos bens, atrasa e reduz a criação de resíduos e retarda a necessidade de adquirir um novo produto. Ela "ajuda a desacelerar o metabolismo da economia, reduzindo a extração de matérias-primas e diminuindo a geração de subprodutos e resíduos".

A colaboração em toda a cadeia de abastecimento é a chave para desbloquear a economia circular. Requer a partilha de conhecimentos, competências e recursos para reunir ideias e pensamentos para produzir novos materiais. Estas são novas parcerias que ajudarão a encontrar soluções sustentáveis, nas quais todos temos um papel a desempenhar. Os fabricantes de materiais devem colaborar para compreender como os seus materiais podem trabalhar em conjunto para manter a funcionalidade, simplificando simultaneamente as construções e permitindo a reutilização de materiais. Os designers de embalagens e os fabricantes de materiais devem trabalhar em conjunto para que as embalagens sejam concebidas de forma a serem separadas para uma reciclagem mais fácil e económica, sem dependerem apenas das acções do consumidor.

De acordo com o EMF (2013), a compreensão dos valores, interesses e motivações dos outros é a base para uma colaboração frutuosa. Também requer a adoção de ligações novas e anteriormente inimagináveis de pessoas, instituições, indústrias, recursos e informações. A colaboração para a economia circular deve ter lugar entre actores da mesma cadeia de valor, entre cadeias de valor e sectores e incluir actores de diferentes esferas de ação, do local ao global, de start-ups e PME a empresas multinacionais. A empresa deve influenciar a colaboração interna e externa, considerando a criação de valor mútuo para os produtos. Deve colaborar com os seus fornecedores, clientes, sociedade, universidades, entre outros, e envolver toda a cadeia para se tornar o mais circular e sustentável possível.

Gestão. A empresa deve gerir os impactos directos e indirectos das suas actividades em todo o sistema de que faz parte. Assim como no final do ciclo de vida dos seus produtos e serviços, abordando a cadeia de abastecimento, os clientes e tendo em conta os aspectos económicos, ambientais e sociais.

Transparência. Não é um conceito em si, mas um valor da filosofia de gestão no domínio das instituições públicas e significa o direito de acesso à informação pública (transparência passiva) e a publicidade ativa, a abertura ou a divulgação da informação do sector público (transparência ativa), de acordo com Rodríguez-Martí et al (2020).

Economia funcional. Trata-se de uma nova relação entre a oferta e a procura, baseada nos benefícios e na oferta adaptada às necessidades reais das pessoas, das empresas e das comunidades, bem como aos desafios do desenvolvimento sustentável.

Ecologia industrial. Trata-se de um modelo emergente na evolução dos paradigmas do desenvolvimento sustentável e da gestão ambiental que tem em consideração as relações entre a atividade humana e a natureza, bem como os limites da autorregulação ambiental. Esta abordagem propõe a conceção de sistemas industriais que funcionam com mecanismos semelhantes aos dos ecossistemas naturais.

A base concetual da ecologia industrial é que os sistemas industriais funcionam como um sistema complexo semelhante aos ecossistemas naturais, onde existem fontes de energia renováveis não poluentes, empresas que produzem matérias-primas para outras que delas necessitam, estabelecendo a analogia com produtores e consumidores num ecossistema e empresas cujas matérias-primas são os resíduos de outras empresas, actuando como decompositores dos ecossistemas. De acordo com Cervantes et al (2009, p.2) "É a porta de entrada para uma nova forma de pensar e atuar que conduz ao desenvolvimento sustentável".

A economia circular como uma tendência na economia verde

O Programa das Nações Unidas para o Ambiente (PNUA, 2009) define uma economia verde como uma economia que resulta na melhoria do bem-estar humano e da equidade social, reduzindo significativamente os riscos ambientais e a escassez ecológica e alcançando o desenvolvimento económico e a eficiência dos recursos.

Centra-se em três pilares: (a) analisar o nível de transformação económica e o crescimento das empresas verdes; (b) avaliar o impacto do desenvolvimento em termos de esgotamento e utilização de recursos; e (c) medir o impacto social através do estudo do nível de população com acesso a recursos básicos, educação e saúde. Neste sentido, duas tendências básicas da economia verde são a economia circular e a economia colaborativa, que se baseia em emprestar, alugar, comprar ou vender produtos com base em necessidades específicas e não tanto para obter ganhos financeiros. Um exemplo é a empresa Uber.

Segundo a Enelx (r/f), os cinco princípios da economia verde são (a) bem-estar, centrado nas pessoas; (b) justiça e boa governação, baseia-se em instituições responsáveis, transparentes e resilientes; (c) erradicação da pobreza, através da abertura de sectores económicos completamente novos, que requerem novas competências e formação e oferecem oportunidades de investimento e criação de emprego; (d) eficiência energética, utilização de recursos para minimizar o desperdício e (e) desenvolvimento de baixo carbono, que se baseia na utilização de fontes de energia renováveis, como a solar, a eólica, a hídrica e o hidrogénio.

Quadro 2

Diferenças entre economia verde e circular

Aspectos	Economia verde	Economia circular
Objetivo	Centra-se no impacto ambiental	Centra-se no ciclo de vida dos produtos e serviços.
Objectivos	Reduzir: -Consumo de recursos naturais -Emissões de gases com efeito de estufa Crescimento económico sustentado	Prolongar a vida útil dos produtos e serviços Sustentabilidade ambiental
Escala	Aplicável em qualquer sector ou atividade económica	Produção e consumo
Abordagem	Mundial	Local
Exemplo	Proteção dos ecossistemas	Produção local

Fonte: Elaboração própria com base em Natalichio, D. (2023).

A economia verde e a economia circular, apesar de terem significados diferentes, têm objectivos complementares. A economia verde é um modelo económico que procura aliar o desenvolvimento económico à proteção do ambiente, através da promoção de tecnologias limpas e do investimento em energias renováveis. A economia circular, por outro lado, defende a utilização do maior número possível de materiais biodegradáveis e no fabrico de bens de consumo - nutrientes biológicos, para que possam ser devolvidos à natureza sem causar danos ao ambiente.

10 R's da economia circular

No domínio da economia circular, tem havido uma transição entre 3 ou 10 R's e, ainda hoje, fala-se em 11, sendo que alguns destes R's são comuns. No entanto, para efeitos do presente material, são discutidos os 10 R's, que são apresentados na figura 2 abaixo.

Figura 2.

10 R's da economia circular

Reordenar. De acordo com o Diccionario de la Lengua Española, significa ordenar algo de forma diferente da que estava. Tem o significado de voltar a pôr ordem e vem do prefixo re (para trás) e da palavra orden, ajustar. Pode tratar-se de reordenar o lixo e os resíduos para lhes dar um segundo uso. Os produtores, os distribuidores e os consumidores são todos responsáveis pelos danos causados ao ambiente, o que equivale a adotar o princípio do "poluidor-pagador", segundo o qual os custos ambientais devem ser introduzidos nos custos de produção.

Reformular. Produtos de modo a que atributos como a reciclabilidade e a biodegradabilidade, entre outros, sejam utilizados com o objetivo de proteger o ambiente.

Reduzir. A utilização e o consumo de matérias-primas e de energia, utilizando fontes renováveis e minimizando os resíduos durante o ciclo de vida dos produtos. Bem como consumir de forma responsável, escolhendo as quantidades necessárias de produtos.

Reutilização. Significa utilizar os produtos mais do que uma vez, dando-lhes assim uma segunda vida. Também envolve a opção de converter algo em algo completamente diferente e aproveitar esse objeto antes de ser descartado, para futura reciclagem ou tratamento correto dos resíduos. A sua função, segundo a Twenergy (2020), é minimizar os resíduos, reciclar objectos, reduzir a poluição, colaborar, sensibilizar e reduzir os custos. Exemplo: latas multiusos. A tendência para reutilizar e reparar os bens não envolve apenas o consumidor, mas deve começar com um novo design ecológico concebido para ser durável e reparável. Dois vectores fundamentais para tal são: (a) reduzir a obsolescência programada e (b) incorporar alterações técnicas e do modelo de negócio.

Remanufactura. Os processos de desmontagem, inspeção e reabastecimento, remontagem e ensaio final podem tornar os processos e/ou produtos mais úteis e menos poluentes, sendo uma indicação clara de que o refabrico é uma forma de procurar procedimentos de menor impacto.

Reciclagem. Processo em que um produto já usado, em vez de ser descartado, é processado para ser reutilizado. Geralmente, ocorre em vidro, plástico, papel, pilhas e resíduos orgânicos. De acordo com o grupo GISMA (2023), cinco dicas para contribuir para a reciclagem na empresa são: (a) estabelecer programas de gestão de resíduos que incluam a triagem, a separação e a reciclagem adequadas dos materiais; (b) incentivar a compra e a utilização de produtos reciclados ou recicláveis nas suas operações; (c) implementar sistemas de recarga, reutilização e reparação de produtos para prolongar a sua vida útil; (d) estabelecer alianças com fornecedores e parceiros comerciais empenhados na economia circular e (e) sensibilizar e formar os trabalhadores para a importância da reciclagem.

Revalorizar. Energética que consiste em aproveitar a energia contida nos resíduos para gerar eletricidade ou calor. Esta prática é efectuada através de centrais de valorização energética, que utilizam tecnologias avançadas para converter os resíduos em energia limpa. Evita-se assim a emissão de gases com efeito de estufa e reduz-se a dependência dos combustíveis fósseis.

Redesenho. Com critérios de sustentabilidade e design ecológico, produtos, equipamentos e processos incorporam sistemas que aumentam a eficiência ambiental, imitando ecossistemas para que os produtos finais se tornem o próximo elo da cadeia.

Recompensa. Inovação relacionada com acções de proteção ambiental, tais como incentivos e reconhecimentos económicos, isenções fiscais para a adoção de tecnologias limpas e equipamentos de controlo, financiamento de projectos que reduzam o impacto ambiental.

Renovar. Trata-se de uma atualização e adaptação constante das práticas económicas, que permite otimizar os processos e maximizar os lucros.

De acordo com Manrique (2018, p.1) "a economia circular é a utilização eficiente dos recursos durante todo o seu ciclo de vida... o conceito multi-R (evolução) vai para além dos 4R (reduzir, recuperar, reutilizar e reciclar) ...". No entanto, o conceito multi-R está a progredir muito lentamente. Por enquanto, o seu impacto é limitado e o seu quadro concetual e legislativo tem de ser alargado.

Na Venezuela, a adoção da economia circular pode ter benefícios significativos, embora, segundo Córdova (2023), exija uma abordagem abrangente, envolvendo os sectores público e privado e a sociedade venezuelana em geral. São necessárias políticas públicas, incentivos à adoção de práticas sustentáveis, educação ambiental e sensibilização para promover a mudança de comportamentos.

II. TENDÊNCIAS DA ECONOMIA CIRCULAR

Este capítulo apresenta vários tipos de tendências. Assim, Landinez-Safra e Rodríguez Arenas (2022) identificam quatro tendências de estudo no caso da indústria têxtil e do vestuário, que são o produto de uma revisão sistemática da literatura. São elas: factores organizacionais, institucionais e de consumo; barreiras organizacionais, educação, planeamento estratégico, finanças, política; práticas como a conceção e gestão de produtos, prevenção da poluição, fecho do ciclo e desempenho económico e ambiental, que são apresentadas na tabela 3.

Quadro 3.

Quatro tendências

Tendências	Aspectos	Contribuições
Factores	Organizacional	-O envolvimento dos trabalhadores pode ser uma força motriz para aumentar a informação sobre a economia circular. -A liderança pode envolver competências mais limpas para utilização nos processos industriais da empresa. O apoio financeiro a longo prazo pode motivar a empresa a adotar práticas sustentáveis.
	Institucional	-A política, o apoio governamental e a aplicação são essenciais para garantir práticas de fabrico sustentáveis. -A economia circular é uma prioridade política mundial. -A intervenção governamental pode reduzir os custos de um modelo empresarial circular. -Aplicação da legislação em matéria de reciclagem, fabrico e embalagem.
	Consumidores	-A sensibilização dos consumidores é uma força motriz para a adoção da economia circular. A cooperação ambiental com os clientes é um fator crítico -A pressão da comunidade é outra motivação para a implementação da economia circular.

Barreiras	Organizacional	-Estratégia da empresa, planeamento, participação, recrutamento e formação do pessoal, entre outros.
	Educação	-A falta de educação é um obstáculo fundamental -É necessária uma formação adequada em tecnologias inovadoras
	Planeamento estratégico	-A função de planeamento estratégico é crucial na implementação da economia circular.
	Financeiro	-As restrições financeiras são o principal obstáculo aos projectos de economia circular. O investimento é crucial para manter as infra-estruturas e os recursos humanos necessários. -Os sistemas de informação e tecnologia exigem mais capital.
	Políticas	-Falta de leis e regulamentos -A relativa falta de importância dada à economia circular é o principal obstáculo à sua aplicação.
Estágios	Conceção do produto	-É a etapa fundamental da cadeia de abastecimento. O objetivo da conceção ecológica é aumentar as receitas, maximizar a quantidade de componentes reciclados e minimizar os resíduos.
	Gestão de produtos	-Foco no abastecimento verde -Permite práticas fundamentais como a reutilização e o refabrico

		-Apoia a abordagem resiliente da empresa.
	Prevenção da poluição	-Colaborar com fornecedores que satisfaçam os critérios ecológicos. -Novas responsabilidades do cliente
	Fechar o círculo	-A economia circular implica o retorno dos produtos dos consumidores para as empresas. O ciclo de investimento tem como objetivo a redução das matérias-primas na produção a jusante. -A economia circular é uma ferramenta que fecha o ciclo da cadeia de abastecimento e permite a reciclagem, a reutilização, o refabrico e a reparação.
Desempenho	Económico	O desempenho da cadeia de abastecimento pode ser avaliado em termos de: conceção, custo de aquisição de matérias-primas, custos de fabrico, expedição, devolução e distribuição do produto e/ou serviço.
	Ambiental	-Os indicadores para avaliar o desempenho ambiental incluem, entre outros, a percentagem de água reciclada, a quantidade de resíduos recicláveis, a quantidade de energia renovável consumida, o volume de insumos reciclados, a medida de insumos perigosos (produtos químicos, resíduos), entre outros.

Fonte: Elaboração própria

A partir dos resultados apresentados na tabela 3, pode deduzir-se que entre os factores impulsionadores da economia circular estão: a sensibilização dos clientes, o conhecimento da economia circular, o compromisso da liderança da gestão de topo, bem como o financiamento e a regulamentação governamentais. Deste ponto de vista, a regulamentação e o impacto dos estímulos fiscais e empresariais são fundamentais para o desenvolvimento da economia circular.

Por seu lado, os principais obstáculos são as restrições financeiras, especialmente para as PME. No entanto, quando as empresas compreendem as práticas e os obstáculos da economia circular, começam a participar na construção da gestão da economia circular. As práticas dividem-se em dois tipos: (a) relações de colaboração, que envolvem o conhecimento dos materiais inovadores necessários, e (b) implementação dinâmica da cadeia de abastecimento, que envolve o fecho do ciclo.

Tendências do emprego

Existe um outro conjunto de tendências laborais que, segundo López Álvarez (2022), são: energias renováveis, prolongamento da vida útil dos produtos, resíduos como recurso, repensar o negócio, empregos colaborativos, eco-design e digitalização, que se encontram descritas no quadro 4 abaixo.

Quadro 4.

Tendências laborais

Tendências	Contribuições
Energias renováveis Jiménez Guanipa, 2021 Cuidar do planeta, 2018	-São obtidas a partir de fontes naturais que produzem energia inesgotável com um impacto nulo ou reduzido no ambiente, como a energia solar, eólica, das marés, hídrica, geotérmica, energia azul e biomassa. -Na América Latina, ainda tem de ultrapassar uma série de obstáculos, como os quadros políticos e regulamentares.
Prolongar o prazo de validade dos produtos	-É uma abordagem que contribui para o desenvolvimento de um modelo económico baseado no equilíbrio entre as necessidades dos consumidores, das empresas e do ambiente. -As economias funcionais e de colaboração podem contribuir para melhorar a qualidade e a durabilidade dos produtos comercializados. -Estratégias para prolongar o prazo de validade dos produtos: *Reparação, reparação e recuperação *Partilha, troca, permuta, troca direta *Aluguer e empréstimo *Comprar em segunda mão *Reutilizar e reciclar
Os resíduos como um recurso Saniver, 2023	-O termo resíduo é utilizado para identificar os materiais que ainda podem ter valor em si mesmos quando reutilizados ou reciclados. -Os resíduos podem ser classificados: (a) segundo a origem: domésticos, urbanos, sólidos industriais, hospitalares (biológicos infecciosos) e da construção civil; (b) segundo a biodegradabilidade: orgânicos e

Robano e Gonzalez, 2021	inorgânicos; e (c) segundo a composição: papel e cartão, vidro, sucata e metal, tintas e óleos; plásticos, têxteis e pilhas e baterias. -A transição dos resíduos para os recursos exige a reciclagem e a gestão integrada dos resíduos. A reciclagem envolve a recolha, a triagem, o processamento e a transformação de materiais deitados fora em novos produtos ou matérias-primas que podem ser novamente utilizados. A gestão de resíduos implica a redução da produção de resíduos na fonte, a reutilização de produtos e materiais sempre que possível, a compostagem de matéria orgânica e a utilização de tecnologias avançadas de tratamento de resíduos, como a incineração controlada ou a produção de energia a partir de resíduos.
Repensar o negócio Sanchez, 2024 Kalma, 2023 Gariola, 2021 Santos et al, 2021	Envolve uma verdadeira mudança de paradigma, trata-se de retroalimentar e aceitar a mudança. Para além de descobrir novas oportunidades de negócio para criar valor de uma forma sustentável, isto pode ser feito através da servitização. -A economia circular redefine os negócios para sistemas mais naturais que promovem a colaboração entre cadeias de valor. -As formas de valor vão para além do financeiro e incluem o ecológico, o estético e o emocional. Trata-se de repensar a redução dos recursos, a valorização dos resíduos e a simbiose industrial. -Implica repensar os processos comuns, reposicionar a empresa com uma presença digital, reimaginar as interacções com os clientes e reorientar a sua ação para novos mercados. Três pontos-chave: estabelecer um plano de gestão flexível da força de trabalho, investir em tecnologia e tornar-se cada vez mais ágil.

Emprego em regime de colaboração Santamaria y Carbajo, 2023	-É trabalhar em conjunto com outros para criar sinergias e benefícios mútuos. -Todos os participantes contribuem com conhecimentos para atingir um objetivo comum. -Os modelos de colaboração na economia circular têm um enorme potencial para promover o crescimento sustentável. -Para fazer avançar a economia circular, a colaboração entre as partes interessadas é fundamental. Os governos, os intervenientes da indústria, os académicos e as organizações ambientais devem trabalhar em conjunto para conceber estratégias inovadoras e aplicar práticas sustentáveis. -Benefícios: perspectivas diversas, aumento da eficiência, aprendizagem contínua, inovação e investigação, abordagens multidisciplinares, redução do impacto ambiental, crescimento económico e segurança energética.
Conceção ecológica Pessoal da RSE, 2022	O termo "tratamento", que também constitui a base da economia circular no primeiro capítulo, refere-se à conceção com materiais sustentáveis que permite que os bens terminem a sua vida útil em condições de assumir novas funções. As características mais relevantes são: menos material, fácil reciclagem, utilização de materiais biológicos, durável, multifuncional, reutilizável, reciclável, de tamanho correto, inovador e com mensagens ecológicas.
Digitalização OCDE, 2017	A transformação digital é cada vez mais reconhecida como um instrumento essencial para um crescimento inclusivo e sustentável e para a melhoria do bem-estar social.

	-A digitalização dos processos para alcançar a circularidade dos sistemas de produção será possível com o investimento em inovação e desenvolvimento. -A adoção da tecnologia digital pode reduzir os custos e promover um controlo de qualidade que aumenta a segurança dos consumidores. -Propõe a criação de uma espécie de registo auditável a ser implementado desde o primeiro momento da produção até ao fim da sua vida útil.

As propostas de López Álvarez (2022) mostram que as tendências laborais na transição para a economia circular nos EUA, no Reino Unido e na União Europeia são principalmente nos domínios do prolongamento da vida útil dos produtos, do eco-design e da digitalização; nos outros, o processo será mais lento. Os requisitos são para cargos de gestão, que requerem inteligência criativa e social, bem como capacidades de interação. De igual modo, destacam-se os empregos com uma transversalidade importante, com um elevado nível de competências, realizados em espaços reduzidos, independentemente da formação da pessoa, pois esta aprenderá no local de trabalho, no entanto, destacam-se as engenharias e as TIC.

Um estudo realizado por García-Suaza et al (2023) em quatro países da América Latina (Colômbia, Equador, México e Peru) mostra uma baixa procura de empregos verdes que varia entre 8 e 16% ou profissões novas e emergentes relacionadas com a transição para a economia verde. Da mesma forma, o maior potencial encontra-se nas profissões de gestão, ou seja, planeamento, direção, coordenação e avaliação de actividades empresariais de alto nível. Isto, por sua vez, implica que estas profissões exigem elevados níveis de educação e, em maior medida, profissionais.

Este facto evidencia a necessidade de uma adaptação estratégica na educação e formação dos profissionais, com ênfase em programas personalizados e flexíveis que respondam às necessidades locais e regionais.

Para minimizar os desfasamentos entre as competências dos trabalhadores e as novas exigências associadas à transição ecológica, a OCDE (2023) propõe três tipos de estratégias: (a) desenvolver estudos específicos sobre as competências necessárias para entrar no mercado de trabalho; (b) promover programas de formação que incluam formação em domínios específicos decorrentes da implementação de políticas ambientais; e (c) antecipar sistematicamente as novas exigências de competências verdes, incluindo a gestão de energias renováveis, a eficiência energética, a gestão e reciclagem de resíduos, o planeamento urbano sustentável, a agricultura verde, as tecnologias de energia limpa e a gestão de recursos naturais.

Tendências de gestão

Entre as tendências de gestão, Meléndez (2023) propõe: a economia regenerativa, a eco-inovação e a gestão integrada, que são sintetizadas no quadro 5 abaixo.

Quadro 5

Tendências de gestão

Tendências	Contribuições
Economia regenerativa Cagiga, 2023	-Representa uma mudança significativa no pensamento empresarial e na mentalidade empresarial. -Benefícios: resiliência empresarial, criatividade e inovação, reputação e envolvimento com as partes interessadas -É uma abordagem inovadora em que as empresas são agentes de mudança, assumindo a responsabilidade de restaurar e revitalizar os sistemas naturais e sociais em que operam. Baseia-se no princípio do restauro, que se baseia no regresso de um sistema ou produto ao seu estado original ou mesmo a um estado melhorado. Oito princípios: relações correctas, definir a riqueza de forma holística em termos de bem-estar humano, inovação, adaptação e capacidade de resposta, participação capacitada, honrar a comunidade e o local, efeito de abundância, fluxo circulatório robusto e procura de equilíbrio.
Eco-inovação Oliver-Sola et al, 2017 ONU, 2015	-Esta tendência também foi descrita no primeiro capítulo. Para Peter James, um dos criadores do termo, trata-se de processos e produtos que proporcionam valor ao cliente e à empresa e que reduzem efetivamente o impacto no ambiente. É o desenvolvimento e a implementação de um modelo empresarial que, por sua vez, decorre de uma nova estratégia que incorpora a sustentabilidade em todas as operações de uma empresa, com base numa

	abordagem de ciclo de vida e na cooperação com parceiros ao longo da cadeia de valor. - Requer a implementação coordenada de modificações ou soluções inovadoras em produtos (bens ou serviços), processos, marketing e estrutura organizacional, que conduzam a um melhor desempenho e competitividade.
Gestão integrada Nava, 2022 Matteo, 2015	-É uma abordagem sistémica que se centra na otimização de todos os aspectos da empresa, incluindo a sua estratégia, processos, talento humano e relações com os clientes. -Gestão integral constituída por um conjunto de valores éticos, sociais e ambientais que interagem e são a referência para avaliar o desenvolvimento de uma organização que visa a sustentabilidade. -Envolve estratégias para a utilização racional dos recursos naturais. No seu cerne está um quadro ético de ação e responsabilidade social, num sentido de corresponsabilidade, solidariedade e convicção. -Objectivos: melhorar a qualidade dos produtos e serviços, favorecer a inovação, o crescimento, a redução dos custos e a gestão ambiental. Características: objectivos a longo prazo, coordenação e colaboração, acompanhamento contínuo, comunicação aberta e eficaz, flexibilidade e adaptabilidade.

As empresas são os principais facilitadores da economia circular nos seus modelos de negócio, na sua conceção e produção de cadeias de valor, na sua escolha de materiais, tecnologias e parcerias. Por conseguinte, empresas de todas as dimensões, desde PME e startups disruptivas a grandes empresas, podem promover mudanças internas para a transição para a economia circular. Estas devem ser abordadas com uma mentalidade de restauração, inovação e gestão integrada.

Isto significa tornar a economia circular uma prioridade de liderança, explícita na estratégia empresarial e criar planos de implementação, através de projectos de inovação e desenvolvimento, a partir da gestão  de topo. Implica também: (a) colaborar internamente em todas as áreas; (b) colaborar externamente com fornecedores, clientes e outras partes interessadas, bem como com pessoas e competências; (c) implementar sistemas digitais; (d) garantir produtos, materiais e serviços circulares; e (e) avaliar o desenvolvimento da transição e apresentar relatórios.

Tendências legislativas

Segundo Perello e Martínez (2018), na Argentina há avanços em direção à circularidade, com a lei sobre o regime de promoção da geração distribuída de energia integrada à rede elétrica pública (2017) e no Uruguai, com o projeto de lei sobre economia circular sustentável (2017). Esta é uma evidência de outros avanços que são apresentados na tabela 6 abaixo.

Tabela 6.

Tendências legislativas

País, Lei, Ano	Contribuições
Argentina, Lei 6.468,2021	Propõe uma estratégia transversal a todas as áreas do governo e em coordenação com os diferentes actores da sociedade civil e do sector privado, em conformidade com os ODS. Os seus princípios orientadores são: progressividade, responsabilidade alargada e cooperação público-privada.
Bolívia Lei 755, 2015	Lei sobre a Gestão Integrada de Resíduos com o objetivo de estabelecer a política geral e o regime jurídico para a prevenção e redução da produção de resíduos, a sua utilização e eliminação final de uma forma sanitária e ambientalmente segura.
Brasil Lei Geral da Economia Circular, 2021	O seu objetivo é manter o valor dos produtos e recursos materiais no ciclo económico durante o maior tempo possível. Prevê-se a alteração de outras regulamentações fiscais e a criação de incentivos para promover a participação nas cadeias de valor.
Colômbia Lei 2232, 2022	Salvaguardar os direitos fundamentais à vida, à saúde e ao usufruto de um ambiente saudável através da substituição gradual por alternativas sustentáveis, da redução da produção e do consumo de plásticos e do encerramento de ciclos.
Chile Lei 20.920 2016 alterado 2018	Promover uma economia circular que permita uma melhor utilização dos recursos, através de planos de gestão e prevenção de resíduos por parte dos produtores e outros intervenientes, a fim de garantir a proteção dos seres humanos e do ambiente.
Equador	Propõe a transição de uma economia linear para uma economia circular inclusiva, que rege as

Lei Orgânica da Economia Circular Inclusiva, 2021	questões da produção sustentável, do consumo responsável e da gestão inclusiva dos resíduos. Os recolhedores de base são reconhecidos e valorizados como actores importantes na circularidade.
Paraguai Lei 7014, 2022	Fornecer um quadro jurídico adequado, bem como mecanismos de incentivo ambiental, económico e social para promover a economia circular das embalagens de PET-PCR (politereftalato de etileno) para a sua posterior utilização como matéria-prima, denominada resina reciclada, para a produção de novos produtos.
Peru Lei de Gestão Integrada de Resíduos Sólidos, 2016	Portaria 2367, de 2021, que incorpora os princípios da economia circular na gestão local, a fim de promover o desenvolvimento sustentável e resiliente na província. Roteiro para uma economia circular no sector industrial, 2020
Uruguai Lei 19829,2019	O Ato de Gestão Integrada de Resíduos formaliza uma consciência crescente da importância de gerir os fluxos de resíduos de forma integrada.
Venezuela Lei dos Resíduos Sólidos e dos Resíduos, 2004	Estabelecimento e aplicação de um regime jurídico para a produção e gestão responsável dos resíduos e dos resíduos sólidos, a fim de garantir que a saúde e o ambiente não sejam postos em perigo e de melhorar a qualidade de vida dos cidadãos. Decreto sobre a reciclagem para gerar recursos para a economia de guerra.

A América Latina está a fazer
progressos na transição para uma
economia circular com vários tipos de
legislação, políticas e sistemas sectoriais
que facilitam a sua implementação e o
impulso para a sustentabilidade. Neste

sentido, de acordo com a CEPAL (2020), a Colômbia lançou a Estratégia
Nacional de Economia Circular; o Chile e o Peru desenvolveram um
roteiro; o Equador assinou o Pacto para a Economia Circular.
Tradicionalmente, a regulamentação tem-se restringido ao domínio da
gestão de resíduos, mas a economia circular vai muito mais longe.

A economia circular na Venezuela encontra-se numa fase inicial de
desenvolvimento incipiente, com um interesse tímido por parte de alguns
actores. Os seus principais desafios são: (a) a falta de infra-estruturas
para a gestão e reciclagem de resíduos ainda é deficiente em muitas
áreas do país, (b) são necessários incentivos económicos para que as
empresas adoptem modelos de economia circular, (c) o quadro jurídico
para a economia circular é uma dívida pendente, (d) é necessário mudar
a cultura de consumo para um modelo mais responsável e sustentável.

Algumas iniciativas governamentais intermitentes e isoladas são: o
Primeiro Encontro Nacional das Mesas Técnicas de Reciclagem e
Limpeza (Metras) realizado em maio de 2023 numa iniciativa conjunta dos
Ministérios do Ecossocialismo, Comunas e Movimentos Sociais, sob o
lema "reduzir, reutilizar e reciclar". No ano de 2022, o Ministério da
Indústria e Produção Nacional emitiu a proposta de economia circular
para o desenvolvimento eco-industrial venezuelano a nível nacional.

Não existe uma política estatal sustentada, nem uma iniciativa
privada generalizada para a promover, pelo que é imperativo sensibilizar

para a necessidade de legislar sobre a questão e de a pôr em prática a todos os níveis.

Tendências financeiras

Para a ONU (2021), as tendências financeiras são: a economia colaborativa, a servitização e os produtos como serviços (PaaS); bem como: obrigações, empréstimos verdes, empréstimos ligados à sustentabilidade (SLC) e investimentos ESG (Iniciativa Financeira do PNUA (2020), que estão resumidos no quadro 7.

Quadro 7

Tendências financeiras

Tendências	Contribuições
Economia colaborativa Schor, 2014 Forero, 2021	-É um modelo económico que consiste na troca de bens e serviços através de uma plataforma em linha, que permite o acesso aos mesmos em grande escala e com um elevado nível de eficiência. -Facilita o acesso das pessoas aos serviços sem terem de possuir bens e cria oportunidades para as pessoas que têm excesso de capacidade nos bens que possuem. -Implica uma utilização mais eficiente pela sociedade de activos físicos (veículos, salas, ferramentas) ou intangíveis (tempo, experiências), de acordo com Van Welsum (2016). -Três pilares da economia colaborativa: Big Data, capacitação do indivíduo, densidade populacional e grande comunidade de utilizadores

	-Brasil, Argentina e Peru lideram a economia colaborativa na América do Sul.
	-Algumas plataformas por mercado: (a) transportes (Uber e Cabify) e (b) alojamento (Airbnb).
	-Na Venezuela Cabo Ganadera, 2020
Servidão Eurofins, 2021	-É uma tendência da economia circular que propõe satisfazer as necessidades através de serviços e não através da venda de produtos, alinhando os interesses das empresas, do ambiente e dos cidadãos. -O fabricante tem o controlo e a gestão dos componentes e dos recursos. O consumidor torna-se utilizador e, por conseguinte, tem a garantia de acesso e de usufruto do serviço, mas não suporta os custos de manutenção ou de reparação e o produtor reutiliza os recursos para outros produtos. -Tecnologia: computação em nuvem, Internet das coisas, grandes volumes de dados e análise.
Incentivos económicos Alcântara, 2023	-São gerados através do apoio à economia circular Podem ser classificados em três categorias: (a) incentivos obtidos a nível nacional (subsídios, subvenções, isenções, bónus, empréstimos a juros baixos ou mesmo benefícios fiscais, serviços especializados ao cliente, bolsas de estudo); (b) benefícios que apoiam o impacto social (ajudam a financiar produtos ecológicos, resultando em poupanças a longo prazo, ajudam a melhorar o acesso aos recursos e a distribuição de rendimentos, uma vez que os produtos utilizados podem ser acessíveis a

	pessoas com baixos rendimentos e (c) prémios internacionais, atribuídos todos os anos por diferentes organismos financeiros (certificações e selos de qualidade). -As obrigações verdes são uma classe de activos que está a ser cada vez mais considerada pelos investidores.
Investimentos ESG Speicher,2023	-Nova abordagem da gestão sustentável. -São investimentos sustentáveis baseados em factores ambientais (A), sociais (S) e de governo das sociedades (G). -O objetivo é aumentar o valor comercial, gerando simultaneamente um impacto positivo na sociedade e no ambiente. -É um investimento para o presente e para o futuro, uma vez que cada vez mais investidores procuram investir em empresas que cumprem os critérios ESG. -Os indicadores ESG medem o risco associado a uma empresa com base nas suas políticas e práticas. Ajudam a determinar as perspectivas financeiras a longo prazo das empresas e são fundamentais para os investidores. -As acções são o instrumento mais popular para a aplicação de critérios ESG.

As tendências financeiras são fundamentais para centrar a mudança de comportamento dos agentes produtivos e dos consumidores, em prol da economia circular. Assim, cada país implementou instrumentos económicos para tornar os sectores produtivos mais sustentáveis e inovadores. Bem como estratégias de financiamento para a produção e indústrias e sectores como a agricultura.

De acordo com notícias das Nações Unidas (2020), em todo o mundo, os bancos privados, os bancos multilaterais de desenvolvimento e as instituições financeiras de desenvolvimento intensificaram os investimentos na economia circular. Desde 2016, houve um aumento de dez vezes no número de fundos privados e, até 2020, houve um aumento de 14 vezes nos ativos dos fundos de capital público, ligados a investimentos em atividades relacionadas com a economia circular. O apoio financeiro à economia circular incentiva a inovação e o investimento, tanto a nível público como privado. O acesso ao financiamento é, por conseguinte, essencial para o avanço da economia circular.

Tendências fiscais.

Segundo Sánchez Sancho (2023), as tendências fiscais incluem: a tributação extrafiscal orientada para o ambiente, os custos de reciclagem, bem como os mecanismos de ajustamento das fronteiras de carbono, os impostos sobre as sociedades e a reforma da fiscalidade circular, entre outros, que são apresentados na tabela 8 abaixo.

Tabela 8.

Tendências fiscais

Tendências	Características
Tributação extrafiscal Sedeño López,2021	-São aquelas que utilizam a tributação como um instrumento social, não necessariamente económico, dando ao Estado a possibilidade de criar uma norma normal de tributação cujo objetivo último é a modificação concreta e real dos padrões de comportamento da sociedade. -Através da criação de impostos verdes, é possível alterar o comportamento social das pessoas e das empresas e orientar a utilização dos recursos naturais, entre outros aspectos. -As obrigações verdes são um tipo de dívida emitida por instituições públicas ou privadas para se financiarem, especificamente destinadas a financiar projectos verdes, sustentáveis e socialmente responsáveis em áreas como as energias renováveis, a eficiência energética, os transportes limpos ou a gestão responsável dos resíduos.
Custo da reciclagem	-Embora o objetivo da reciclagem seja cuidar do ambiente, é agora também uma forma de negócio muito lucrativa para estas empresas. - O problema é que, ao optarem, por razões económicas, pela reciclagem como única forma de contribuição, transferem para os outros os custos que geram ao não reduzirem a poluição. -A reciclagem custa dinheiro. Estes custos incluem a recolha, o transporte, o processamento e a comercialização de materiais recicláveis. -Além disso, há que ter em conta os custos da educação e da sensibilização ambiental.

	Também o pagamento do ponto verde, mas também gera emprego e poupa energia.
Ajustamento das emissões de carbono nas fronteiras (CBAM)	-O Regulamento 2023/956 estabelece um mecanismo de ajustamento do carbono nas fronteiras que obriga os importadores de bens da UE a comprar certificados equivalentes ao preço do carbono que teriam de pagar se os bens tivessem sido produzidos ao abrigo das regras de fixação do preço do carbono. -O regulamento prevê uma fase de transição de 01/10/23 até 2026, durante a qual os importadores terão de comunicar as emissões de gases com efeito de estufa causadas direta ou indiretamente pelas suas importações, sem obrigação de efetuar quaisquer pagamentos ou ajustamentos. Inicialmente, aplicar-se-á ao cimento, ao ferro e ao aço, ao alumínio, aos fertilizantes, à eletricidade e ao hidrogénio.
Tributação das empresas	-Aplicação de uma redução do imposto sobre o rendimento das pessoas colectivas às empresas que utilizem critérios de sustentabilidade.
Reforma fiscal circular	Trata-se de uma proposta de transformação do sistema fiscal para avançar para um modelo em que aqueles que actuam em consonância serão reconhecidos e recompensados, reforçando assim o seu comportamento socialmente responsável. -Os impostos ambientais gerarão um duplo dividendo, ou seja, um duplo benefício para os cidadãos, uma vez que algumas receitas serão utilizadas para a proteção do ambiente e, por outro lado, as indústrias contribuirão para a prevenção de mais poluição ambiental.

Na prática, a transição para a economia circular é um processo complexo, que implica o abandono dos modelos de negócio tradicionais e a opção por outros baseados na ecodesign e na ecoinovação, o que, por sua vez, depende das decisões tomadas pelas empresas, uma vez que estas influenciam a sociedade. No entanto, é o Estado que deve assumir um papel de liderança e criar um quadro regulamentar adequado para a promoção, o desenvolvimento e a implementação da economia circular. É aqui que entra em jogo o papel das tendências fiscais, como instrumento do Estado para promover a circularidade.

Este sistema fiscal tributa determinados comportamentos com o objetivo de os desincentivar, se forem negativos, ou de os incentivar, se estiverem de acordo com a gestão de resíduos, a reciclagem ou a proteção do ambiente. Para além da finalidade retributiva de qualquer imposto, este sistema incorpora uma finalidade extrafiscal destinada a procurar mudanças em determinados comportamentos, incentivando acções menos poluentes em consonância com os princípios da economia circular.

No entanto, apesar dos progressos realizados no sentido da economia circular, é essencial ultrapassar as barreiras políticas relacionadas com a perceção pública e a governação das infra-estruturas, tais como as barreiras financeiras. Assim, o Estado deve gerar incentivos para formas inovadoras e mais eficientes de produzir e consumir, bem como colaboração e coordenação entre os agentes económicos e as administrações públicas para enfrentar os desafios em conjunto.

Escolas de pensamento

De acordo com Gabarda Balaguer (2018) as escolas de pensamento são: ecologia industrial, design regenerativo; cradle to cradle, capitalismo natural, biomimética, economia do desempenho, bioeconomia e economia azul, apresentadas na tabela 9.

Tabela 9.

Escola de pensamento

Escola	Características
Ecologia Industrial Incinerox, 2022	Trata-se de uma nova abordagem à conceção industrial de produtos e processos, bem como à definição de estratégias de fabrico sustentáveis. -Foi proposto por R. Frosch e N. Gallopoulos (1992). É visto como um ecossistema em que as empresas que produzem resíduos podem estabelecer parcerias com outras que utilizam essa matéria-prima para a transformar num novo recurso. -Funciona de forma circular, de modo que cada elo da cadeia alimenta o seguinte e, quando o último chega, o processo recomeça. Isto resulta numa redução das matérias-primas externas, uma vez que a maior parte provém da reutilização de resíduos de outras indústrias. (Também abordado no primeiro capítulo).
Conceção regenerativa Reed,2017	-Abordagens e práticas que considerem os pilares da sustentabilidade: design sustentável (1980), eco-design (1990), design para o ambiente (1992), design para a

	sustentabilidade (2001), design regenerativo (2006). -A conceção regenerativa foi proposta por J. Lyle (1994). -Um sistema de tecnologias e estratégias, baseado na compreensão do funcionamento interno dos ecossistemas, que gera projectos que regeneram o todo sócio-ecológico, ou seja, geram de novo a sua capacidade inerente de vitalidade, viabilidade e evolução.
Do berço ao berço (C2C) Do berço ao berço Prschaltus, 2020 Cadeias, 2019	-Criadores: McDonough e Braungart (2002). -Conceito de design inspirado na natureza. Técnicas de produção mais eficientes e sem resíduos. -Todas as entradas e saídas devem ser nutrientes técnicos (ciclo azul, plástico, vidro, metal) que podem ser reciclados e nutrientes biológicos (ciclo verde, madeira, algodão ou cortiça) que podem ser compostados em nutrientes para outros materiais renováveis futuros. -O desafio é não misturar materiais biológicos e técnicos de tal forma que não possam ser separados no fim da sua vida, pois isso torna impossível a reciclagem e a reutilização. -Exemplo: cadeira de escritório Think da Steelcase. Orienta a transformação da indústria através de uma conceção eco-inteligente. Orienta-se pelos princípios: eliminação de resíduos, utilização de energias renováveis, celebração da diversidade, saúde e reutilização de materiais, gestão da água, gestão do carbono e responsabilidade social.

Capitalismo natural	-É a utilização produtiva e a reconversão do capital (dinheiro, bens, pessoas e natureza). -É uma abordagem de desenvolvimento empresarial e social promovida por Hawken e Lovins (1999). -Passar de uma economia de consumo para uma economia de serviços e converter os lucros obtidos na conservação dos recursos naturais. -Aumentar a produtividade dos recursos naturais, reduzindo os resíduos e os fluxos destrutivos de recursos. Mudar para modelos de produção inspirados na natureza, avançar para um modelo empresarial baseado em soluções e não em produtos e reinvestir no capital natural.
Biomimética Navarrete, 2023	-É uma nova abordagem ao desenvolvimento de projectos, produtos e serviços que se inspira na natureza. -O seu nome deriva da palavra bios, que significa vida, e mimesis, que significa imitar. -Consolidado com Janine Benyus, 1997 Funciona como um sistema bidirecional: (a) identificar as soluções da natureza para um determinado problema e (b) investigar as concepções e os processos naturais e, em seguida, imaginar possíveis aplicações para os problemas humanos. -Exemplos: O comboio-bala do Japão inspirado no bico do guarda-rios para evitar o ruído.
Economia do desempenho	Baseia-se na premissa de vender produtos como serviços.

	-W. Stahel e G Reday (2006) descreveram-na como uma economia em que predominam os processos em circuito. Objectivos: prolongamento da vida útil dos produtos, bens de longa duração, actividades de renovação e prevenção de resíduos.
Bioeconomia Nações Unidas, 2017	-Surge como um novo paradigma de síntese da biologia e da economia que inclui a incorporação dos avanços tecnológicos nos sectores produtivos. -A União Europeia foi a primeira a promover o termo. Um carácter integrador, transversal, multidisciplinar e multissectorial que o torna um elemento-chave na transformação para um sistema que permita uma maior produtividade no quadro de uma maior sustentabilidade económica, social e ambiental. -Produção baseada no conhecimento e na utilização de recursos biológicos, processos e métodos para fornecer bens e serviços de forma sustentável. -É uma alternativa para a especialização inteligente dos territórios, a inovação e a mudança estrutural com enfoque na sustentabilidade, bem como para o reforço das políticas agrícolas e de desenvolvimento rural. -Exemplo: agricultura sustentável, bioplásticos, vestuário biodegradável.
Economia azul BBC News Mundo, 2023 Estratégia Europeia 2020	-É um conceito holístico e inovador no sector empresarial que aponta para a necessidade de imitar os ecossistemas naturais para ser eficiente na produção de bens e serviços. -Foi formulada por G. Pauli (1994).

	Centra-se no papel dos oceanos, dos mares e da linha costeira como recurso económico. -Procura melhorar a qualidade de vida de todas as pessoas que vivem de alguma forma relacionadas com o mar. -Promove o consumo local e compromete-se a utilizar apenas o essencial. -Quatro visões da economia azul: (a) ativista, das ONG, centrada na conservação, recuperação e proteção das actividades ligadas ao meio marinho; (b) como oportunidade de negócio, como a indústria do turismo; (c) como modo de vida; e (d) como fonte de inovação, como a exploração dos fundos marinhos. Na América Latina, os projectos de economia azul dizem respeito a água potável, alimentos em circuito curto, energias renováveis e gás de algas. -Exemplo: gestão do lixo marinho, recuperação de corais e energia marinha.

Fonte: Elaboração própria

As origens da economia circular remontam a diferentes épocas, autores e teorias que contribuíram para o seu aperfeiçoamento até aos dias de hoje. Algumas foram abordadas no primeiro capítulo como base e outras como escola de pensamento. Todas elas ajudam a compreender como a economia circular é a materialização de diferentes contributos de diferentes ciências e disciplinas para responder aos desafios globais que têm de ser enfrentados através da gestão dos sistemas de produção, distribuição e consumo, o que mostra a sua essência transdisciplinar.

No entanto, o maior impulso pode ser visto na economia ambiental e na ecologia industrial na década de 1970, cujos esforços visavam minimizar os impactos ambientais da atividade económica. O aparecimento formal do conceito nos anos 90 com Pearce e

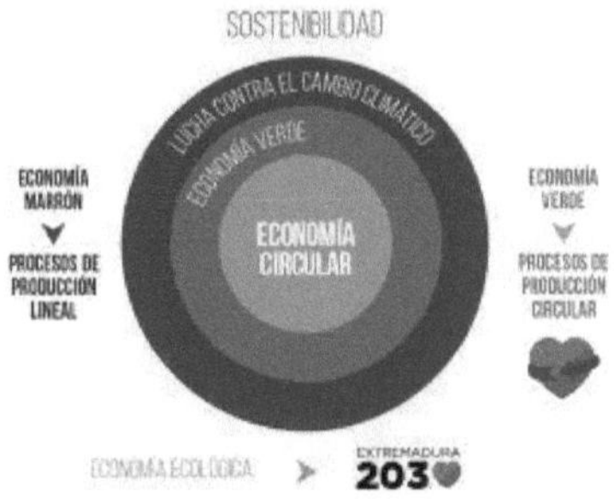

Turner, conseguindo explicar a circularidade dos fluxos do sistema natural e dos seus resíduos, foi também um elemento-chave no seu desenvolvimento. O modelo não termina com a reciclagem, mas vai para além disso, continua a avançar, a ser aperfeiçoado e a ganhar maior relevância em diferentes países, como uma ajuda no cumprimento da agenda 2030.

III. A ECONOMIA CIRCULAR E A ABORDAGEM TRANSCOMPLEXA

Este capítulo discute a complexidade dos ecossistemas sociais vivos e a abordagem transdisciplinar da economia circular, vista a partir da abordagem transcomplexa. O objetivo é discutir a visão transcomplexa da economia circular como paradigma de produção e consumo sustentáveis.

Complexidade dos ecossistemas sociais vivos

Os ecossistemas são um conjunto de sistemas complexos formados por inúmeros componentes: seres vivos e ambientes físicos, que interagem em diferentes escalas temporais e espaciais, permitindo a troca de energia e matéria. Como consequência destas interacções, possuem uma estrutura e função específicas, representando mais do que a soma dos seus componentes, segundo Badii et al (2007). A interação harmoniosa dos seres vivos e do meio físico no tempo e no espaço criou uma diversidade de ecossistemas, desde as florestas tropicais aos desertos extremos, oceanos, terrestres, entre outros, evidenciando a sua complexidade organizacional com múltiplas interacções e recursividade.

A América Latina e as Caraíbas têm seis dos 17 países considerados megadiversos pelo World Conservation Monitoring Centre: Brasil, Colômbia, Equador, México, Peru e Venezuela. Por isso, possui ecossistemas transnacionais de grande relevância que cobrem toda a região e se interconectam entre si e com outros ecossistemas hemisféricos. De acordo com a CAF (2023), estes incluem: (a) os páramos, que são ecossistemas de alta montanha nos Andes, fornecendo água a cidades como Bogotá e Quito; (b) a Patagónia, que são florestas tropicais e estepes secas nas montanhas entre a Argentina e o Chile, e são o reservatório mundial para a mitigação das emissões de dióxido de carbono.

(c) Florestas de Tumbes, de grande biodiversidade aquática na Colômbia; (d) Mata Atlântica, uma floresta de grande diversidade biológica na Argentina, Brasil e Paraguai; (e) Corredor biológico mesoamericano na América Central e no sul do México, crucial para a migração de espécies; (f) os mangais, vitais para 70% dos organismos marinhos, ajudam a mitigar as alterações climáticas; (g) a floresta amazónica, com água doce e grande biodiversidade; (h) a Corrente de Humboldt, que coloca o Chile e o Peru entre os 10 maiores produtores de peixe.

(i) O Gran Chaco e o Pantanal, que é a maior zona húmida de água doce da América do Sul, albergam uma biodiversidade única e constituem um grande reservatório de carbono, crucial para as comunidades indígenas. Prestam serviços ecossistémicos essenciais para garantir a subsistência das suas populações, pelo que têm um grande valor económico.

Na Venezuela, em particular, os ecossistemas são os seguintes (a) florestas tropicais secas, húmidas (Delta do Orinoco e Imataca, Amazonas); florestas nubladas (Aragua, Amazonas e Lara), florestas ribeirinhas ou de galeria; (b) savanas, (c) mangais, (d) matagais, cardonales e cujisales (Anzoátegui, Falcon, Lara, Nueva Esparta e Zulia), (e) charnecas, montanhas andinas; (f) tepuis (Andes e Bolívar), (g) pelágicos, marinhos aquáticos e (h) recifes de coral (Los Roques).

É evidente que a diversidade dos ecossistemas fornece uma grande variedade de bens à sociedade, desde a água, à agricultura e à indústria, a muitos tipos de alimentos, fibras, plantas medicinais, combustíveis e materiais de construção, entre outros. Assim, para compreender verdadeiramente qualquer ecossistema é necessário estudá-lo como um todo e perceber que as suas partes (clima, solo, relevo, luz solar, água, ar, temperatura, flora, fauna, bactérias e fungos) estão intimamente relacionadas, pelo que a afetação de uma delas afecta todo o sistema.

A complexidade do mundo, da sociedade-natureza é inegável, segundo Reynosa-Navarro (2015), como o aquecimento global, a destruição da camada de ozono, a extinção de milhares de espécies todos os anos, o esgotamento e a degradação dos recursos naturais, o aumento das chuvas, furacões e ciclones em algumas regiões, bem como o agravamento das secas noutras. E ainda os derrames de petróleo e os acidentes em centrais nucleares.

Da mesma forma, o caso do crescimento imparável das grandes cidades, a gestão da água potável no campo e na cidade, a luta contra a fome e a pobreza e as crescentes desigualdades (de acordo com Luengo González, 2018). Além disso, a emigração em massa, o mau uso das florestas, levando à desertificação e à desflorestação. Além disso, de acordo com Arriols (2021), a modificação da paisagem à custa de actividades de lazer como o golfe e a equitação. Assim, a complexidade da realidade social e ambiental é evidente.

Complexidade, ciências da complexidade e pensamento complexo

A complexidade é um convite à integração do conhecimento, ou seja, analisar e sintetizar, separar, mas sem esquecer de juntar novamente e inter-relacionar as partes no processo de conhecimento segundo Maldonado (2015). No entanto, sintetizar para a complexidade não é negar que uma mediação ou desenvolvimento de melhor entendimento ou compreensão pode ser derivado de posições opostas. Segundo Luengo González (2018, p.32) "A síntese é uma referência para transcender uma série de antinomias estéreis", como a quantitativa-qualitativa.

Outra caraterística da complexidade é entender os sistemas, as organizações ou as totalidades como entidades abertas, o que implica assumi-las como relativas, históricas e em constante mudança. Quando se trata de sistemas complexos, a complexidade refere-se a uma multiplicidade de interacções ou inter-reacções. Neste contexto, o múltiplo é entendido não só como um grande número de variáveis, factores e factos que interagem para gerar o sistema complexo, mas também como a conjunção de tais componentes conduz a uma infinidade de resultados possíveis a partir das suas múltiplas articulações. Neste sentido, a complexidade pode ser entendida a partir das ciências da complexidade ou do pensamento complexo. Este capítulo assumirá a complementaridade de ambas as posições.

As **ciências da complexidade** constituem uma nova forma de produção de conhecimento científico. São concebidas como ciências de síntese ou de articulação de saberes em torno dos problemas que abordam. Referem-se ao estudo dos sistemas dinâmicos, que segundo Maldonado (2012, p.51) "são essencialmente variáveis, mutáveis, marcados pelo signo da irreversibilidade" O seu estudo teve origem no Instituto de Santa Fé em 1984 e baseou-se na procura das leis subjacentes à complexidade, caso existam.

Trabalham ativamente com problemas de fronteira e não tanto com objectos, campos ou áreas de conhecimento. Não é a disciplina que se destaca, mas a articulação de conhecimentos de diferentes ciências e disciplinas para compreender e encontrar uma solução para um problema.

Outra caraterística é o facto de trabalharem com modelos de simulação, algoritmos e formalismos que dispõem de ferramentas informáticas que permitem a sua aplicação. Isto implica uma ênfase em modelos computacionais que utilizam a matemática de ponta e várias lógicas não clássicas como elementos centrais. Os seus métodos são, portanto, clássicos: dedutivos e empíricos, mas incorporam a modelação e a simulação.

As ciências da complexidade permitem abordar problemas complexos, como o aquecimento global ou o acesso à água potável, e pensar em novas formas criativas e imaginativas de encontrar respostas alternativas para estes grandes problemas. A sua tónica é colocada não só na interdisciplinaridade, mas também na transdisciplinaridade. Pensam não tanto na causa mas na natureza dos seus efeitos, nomeadamente na emergência de novas manifestações da realidade ou nas consequências das transformações do sistema. A figura 3 abaixo mostra as principais ciências complexas.

Figura 3

Ciências da complexidade

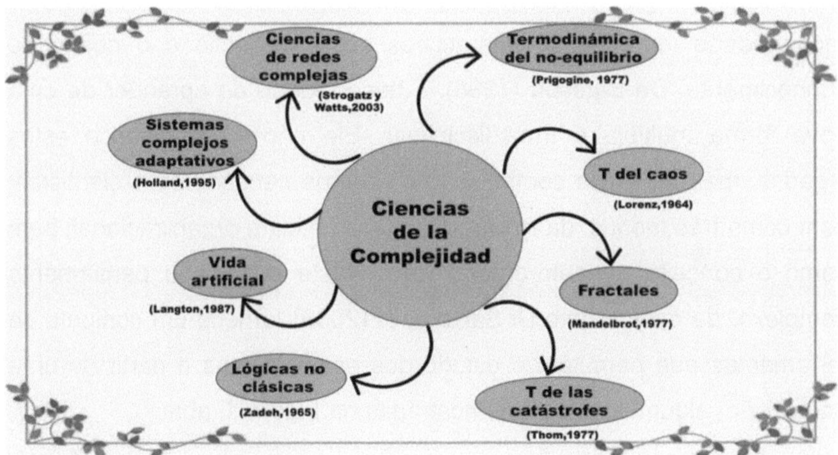

Fonte: Elaboração própria

É um conjunto de ciências, teorias, abordagens, metodologias, linguagens e conceitos técnicos dedicados ao estudo de fenómenos caracterizados pela sua complexidade crescente e que são capazes de adaptação e evolução.

Em relação ao **pensamento complexo**, proposto por Edgar Morin (1982), este é entendido como a geração de um pensamento baseado numa epistemologia e numa filosofia ético-política. Neste sentido, a complexidade é um processo de conhecimento que põe em funcionamento uma série de processos cognitivos para o seu estudo. Para Morín (2005, p.48) "a complexidade é um certo número de princípios que ajudam o espírito autónomo a conhecer". Por outras palavras, existe uma outra forma de entender a complexidade, tanto em termos da conceção ontológica da natureza da realidade, como em termos da sua abordagem epistemológica da realidade.

De acordo com Luengo González (2018) Morín toma de Bachelard (1989) a ideia de complementaridade no estudo da realidade e a sua visão do papel do observador-conceptualizador. De Piaget (1970), a recursividade inerente, as interacções entre o sujeito e o objeto de conhecimento. De Bateson (1998), a necessidade de aprender de uma nova forma múltipla e transdisciplinar. Ele não só reconhece estes legados, mas integra a contribuição de outros pensadores e cientistas; bem como três teorias: da informação, cibernética e organizacional; bem como o conceito de auto-organização. Neste sentido, o pensamento complexo, de acordo com Di Salvo et al (2009) fornece um conjunto de ferramentas que permitem o estudo dos ecossistemas a partir de uma nova visão, algumas delas são mostradas na Figura 4, abaixo.

Figura 4

Pensamento complexo

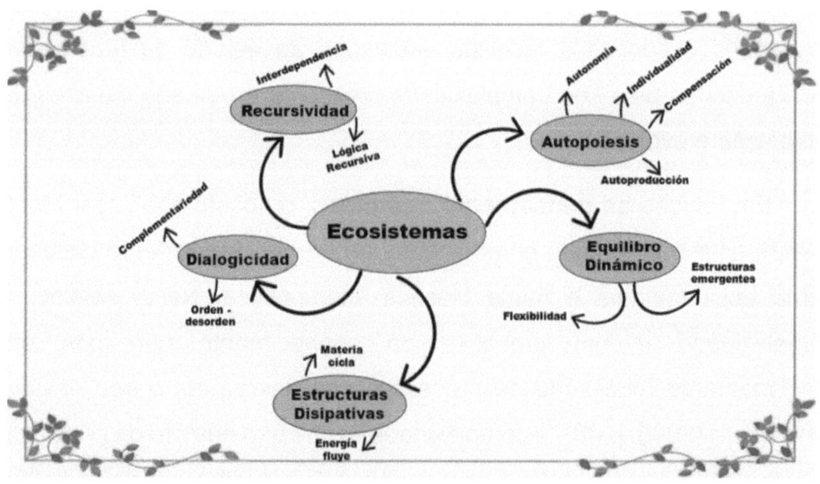

Fonte: Elaboração própria

O primeiro conceito, a **autopoiese**, princípio de autoprodução dos seres vivos, implica uma série de processos concatenados que produzem os componentes que constituem e especificam o sistema como unidade: organização, autopoiética; estrutura, circular; e funcionamento, produção de si mesmo, o que caracteriza um ser vivo. Neste sentido, o princípio da autopoiese permite-nos compreender um processo vital nos seres vivos e, portanto, nos ecossistemas: a produção de relações constitutivas, que determinam os limites físicos, de especificidade, que por sua vez afectam a identidade dos componentes e a ordem, bem como a dinâmica da organização que, em última análise, define todo o sistema, mas não a sua estrutura.

Assim, se é verdade que a estrutura de qualquer ecossistema é importante, não é suficiente para compreender a sua organização, pois é através das relações que se determina a verdadeira essência do sistema. Por outras palavras, são as relações que definem e indicam o significado do sistema. Nos ecossistemas, o intrincado conjunto de relações não só organiza o próprio sistema, como também permite a produção de outros elementos que dele farão parte.

O conceito de autopoiese vai permitir analisar os componentes do ecossistema e perceber características como a **autonomia**, mudanças subordinadas à conservação da organização; a **individualidade**, identidade da organização que não é definida pela sua interação com um observador e a **compensação** das perturbações presentes nos sistemas ecológicos.

Outro princípio que caracteriza a complexidade dos processos que ocorrem em qualquer ecossistema é o conceito de **equilíbrio dinâmico**. Os ecossistemas são sistemas abertos, ou seja, dinâmicos, em que qualquer fator pode produzir alterações nas condições existentes, o que revela uma série de comportamentos que podem surgir em condições de não-equilíbrio. Estes sistemas são afectados pela irreversibilidade, uma vez que quando ocorre uma mudança abrupta no sistema, surgem **estruturas emergentes** que se adaptam às novas condições.

Mas o ecossistema apresenta também características de **flexibilidade, pelo que** é capaz de evoluir face às perturbações. O planeta tem uma história física, geológica e climática profundamente dinâmica, e neste movimento, os ecossistemas transformam-se e deslocam-se, tendendo assim para um estado estacionário e ao mesmo tempo evolutivo. Nesta evolução, segundo Morin (1986), verifica-se um aumento da complexidade, que é acompanhado por um aumento da ordem, da desordem e da organização.

A ideia de mudança e de não-equilíbrio conduz a um terceiro conceito, o de **estruturas dissipativas**. Segundo Prigogine (1997), nos sistemas abertos que estão longe do equilíbrio, **a matéria** pode **circular** e a **energia dissipar-se** e relações não lineares muito complicadas regem o comportamento. Ou seja, a sua forma ou estrutura é mantida por uma contínua dissipação e consumo de energia. O ecossistema é estruturado, organizado e mantido por estes dois processos.

O quarto princípio é o **dialógico**, que permite manter a dualidade na unidade, associando dois termos na sua relação complementar e antagónica. A dialógica pode ser definida como a associação complexa de lógicas, entidades que se alimentam mutuamente, se complementam, mas também se opõem e competem, por exemplo, **ordem-desordem**, local-global, indivíduo-sociedade, unidade-diversidade, objeto-sujeito. Esta união complexa é necessária para a existência, o funcionamento e o desenvolvimento dos fenómenos organizados.

A recursividade, outro princípio, segundo o qual a organização complexa se baseia na ideia de **laço**, de circulação, de circuito, de rotação, e não apenas na ideia de interação. O loop é um processo que assegura a existência e a constância da forma, é genérico, gera; genérico, gera uma organização e generativo, gera a sua regeneração a cada instante. Segundo Morín (1986) a ideia de laço é básica para entender a recursão.

Abordagem transdisciplinar da economia circular

As origens da economia circular remontam a diferentes épocas, autores, teorias e tendências que contribuíram para o seu desenvolvimento até à atualidade. Todas elas ajudam a compreender como a economia circular é a materialização de diferentes contributos de diferentes ciências e disciplinas para responder aos desafios globais que devem ser enfrentados através da gestão dos sistemas de produção, distribuição e consumo.

Nenhuma disciplina dispõe, por si só, de recursos teóricos e metodológicos suficientes para responder aos graves problemas que carecem de respostas alternativas ou de soluções possíveis. Nesse sentido, o estudo da complexidade como articulação de saberes envolve três conceitos básicos: multi, inter e transdisciplinaridade.

Segundo Luengo González (2018), **a multidisciplinaridade consiste** na conjunção de um grupo de especialistas que abordam o estudo de um mesmo processo ou problema de forma separada, ou seja, centrando a sua análise nos recursos teóricos e metodológicos das suas disciplinas. Em muitas ocasiões, essa prática dificulta a articulação satisfatória dessas diversas contribuições.

A interdisciplinaridade, por outro lado, é um processo concebido para integrar diferentes contributos conceptuais e metodológicos a fim de responder ao seu objeto de estudo. Normalmente, parte-se de uma questão comum e de um quadro de referência básico partilhado. Desta forma, procuram respostas nos seus domínios disciplinares, utilizando os seus recursos teóricos e metodológicos, mas tentando integrá-los no conjunto de respostas potenciais. O resultado é uma abordagem integradora que alarga os domínios de cada disciplina participante.

A transdisciplinaridade, por outro lado, implica não só o processo de construção de novos conhecimentos, não pertencentes a nenhuma disciplina em particular, mas também a intenção de transformar a realidade, oferecendo soluções alternativas para os problemas. A complexidade favorece a inter e a transdisciplinaridade como recursos para abordar os problemas nas fronteiras entre as disciplinas e os conhecimentos dos diferentes actores sociais. É aí, nos limites das disciplinas, que elas se entrelaçam e aprendem umas com as outras. Assim, a transdisciplinaridade liga-se ao diálogo dos saberes.

O diálogo de saberes é o encontro da sua diversidade, um encontro de alteridades, de códigos com linguagens diferentes, de seres com concepções de mundo diferentes em busca de respostas para os dilemas que a vida apresenta. Falamos também de uma ecologia de saberes, que coloca o conhecimento científico de diferentes correntes teóricas e tradições transdisciplinares em diálogo com outros saberes na tentativa de compreender e buscar soluções para um determinado problema. A figura 3 mostra a transdisciplinaridade da economia circular.

Segundo Gallardo et al (2016) citado em Banderas Maya (2020), o desenvolvimento acelerado da indústria com uso intensivo de carvão, petróleo e gás levou à produção excessiva de gases de efeito estufa e está gerando o aquecimento global da atmosfera e da hidrosfera, alterando o equilíbrio ecológico. Tal realidade não pode ser compreendida de forma fragmentada; é necessário abordá-la como um problema multifatorial, originário de uma sociedade complexa, a partir de abordagens transdisciplinares.

De acordo com Nicolescu (1996), a abordagem transdisciplinar implica o estabelecimento de ligações e a formalização de acordos entre diferentes disciplinas que normalmente não comunicam, porque são orientadas a partir de uma realidade que corresponde a um contexto, que pode ser económico. Por conseguinte, qualquer solução para o problema é vista a partir das ciências administrativas, deixando de lado os aspectos humanos e sociais. Além disso, é necessário complementar os conhecimentos do senso comum e da ciência. A Figura 5 mostra algumas ciências e disciplinas que podem contribuir para a compreensão da complexa realidade ambiental e da economia circular como um novo paradigma alternativo.

Figura 5.

Transdisciplinaridade da economia circular

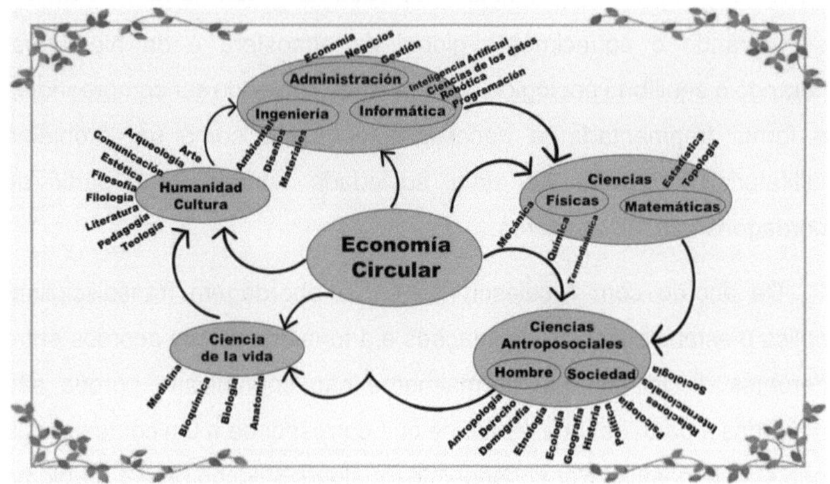

Fonte: Elaboração própria

A transdisciplinaridade potencializa as disciplinas por meio de diálogos entre elas, promovendo estratégias que geram portas de entrada, neste caso, entre ciências administrativas, engenharias e computação; ciências físicas e matemáticas, ciências antropo-sociais, ciências da vida e humanidades, de acordo com a classificação proposta por Luengo González (2018). Tudo com abertura que envolve a aceitação do desconhecido, do inesperado e do imprevisível.

Assim, a economia circular prioriza a articulação de saberes, ao mesmo tempo em que promove a quebra de fronteiras de cada tipo de ciência, conhecimento e conceitos para alimentar seu próprio campo, considerando o saber popular e pessoal no consumo, no design e na gestão de resíduos; bem como o senso comum do consumidor, do tecido empresarial e da administração.

Avalia o conceito em termos de rentabilidade social e ambiental, mas também em termos económicos. Trata-se de banir os hábitos de comportamento social, abordando as questões de forma transversal e sob diferentes pontos de vista. A economia circular é em si mesma transdisciplinar, uma vez que não existe uma forma única de fazer as coisas, e este é talvez o aspeto mais notável desta abordagem, que retira ideias de várias disciplinas, de diferentes escolas de pensamento, de empresários e consumidores.

Abordagem transcomplexa

Para Villegas (2017), em seu primeiro significado, esse termo foi utilizado para destacar a diversidade de pontos de vista sobre uma área. Assim, ao iniciar a pesquisa, seguindo o rasto do seu significado, Llano de la Hoz (2005, p.6) afirma que é o produto de uma equipa multidisciplinar "que procura respostas para problemas, antecipando as exigências do futuro para as quais é necessário criar cenários que constituem possíveis loops de respostas alternativas e interactivas".

Posteriormente, Villegas (2009) refere que a transcomplexidade assume as três características da transdisciplinaridade, que segundo o artigo 14º da Carta da Transdisciplinaridade (1994) são: o rigor na argumentação, que implica ter em conta toda a informação disponível; a abertura como aceitação do desconhecido, do inesperado e do imprevisível; e a tolerância, que é o reconhecimento do direito a ideias e verdades contrárias. No entanto, o termo rigor tem sido criticado por aqueles que não o entendem na sua essência e também acreditam que a transcomplexidade é aceitar qualquer abordagem mesmo sem fundamento.

A este respeito, Llano de la Hoz (ob cit, p.7) salienta que "Assim, passo a passo e pouco a pouco, foi-se adquirindo consciência dos limites implícitos nas fronteiras disciplinares, o que veio a impedir a insurgência da procura de maiores e ...novos conhecimentos através de canais inter e transdisciplinares, embora, em muitos casos, o passo anterior fosse o de aprofundar o campo disciplinar". Por sua vez, Guarisma (2006, p.8) afirma que:

> Não é tanto a diferença entre quantitativo e qualitativo que define a abordagem integrativa transcomplexa..., mas como Jesús Ibáñez salienta "...o problema não é que se utilizem palavras ou números (...) mas que o investigador pense ou não pense sobre o que faz; aquele que reflecte sobre a sua ação de investigação aproxima-se da segunda ordem.

Salienta que o processo de investigação foi desvendado para lhe dar uma abordagem integradora. Assim, os autores Villegas et al (2006, p.23) afirmam que "Esta abordagem, a que chamámos transcomplexa, é um novo modelo de produção de conhecimento, que se centra mais na integração do que na disciplinaridade" (p.23). Assume-se como uma postura investigativa de complementaridade e define-se como um processo bio-afetivo-cognitivo, mas também sócio-cultural-institucional e político de produção de conhecimento complexo.

Lanz (2001) assume a transcomplexidade como um olhar enriquecido pela mobilidade dos pontos de observação, a flexibilidade dos instrumentos metodológicos e a ductilidade das estratégias cognitivas. É evidente que esta definição é compatível com o que assumimos como uma abordagem que integra o quantitativo, o qualitativo e o dialético.

Numa tentativa de alargar a compreensão da abordagem integrativa transcomplexa, Villegas (2015) define os seus termos. Assim, abordagem refere-se aos diferentes pontos de vista com os quais se pode tentar apreender a realidade, ou seja, a forma de considerar uma situação. Por sua vez, o termo integrador refere-se a um processo articulado com o objetivo da totalidade. A investigação é assumida como um processo dinâmico de produção de conhecimento.

O prefixo trans vem do latim e o seu significado estrito pode ser reduzido à expressão "através" ou "para o outro lado". Fernández (2008) defende que trans é um constructo, um caminho a percorrer mas que permanece truncado, como vestígios que remetem para o que ficou no estado anterior; é, por isso, mais propício a ser pensado a partir do passado. O resto é a marca que nos permite testemunhar o que é específico de trans: o que está para vir.

Com base nestas abordagens, a abordagem transcomplexa pode ser assumida como uma visão que, através da síntese de princípios e conceitos de diferentes disciplinas, abordagens teóricas, contributos de diferentes paradigmas, pode potenciar os avanços e tentar reduzir as limitações apresentadas por cada uma das abordagens separadas. Estabelece cada vez mais relações densas não só entre as ciências naturais e sociais, mas também com as artes, a literatura, a experiência, a intuição e a imaginação.

Do ponto de vista epistemológico, a abordagem transcomplexa, segundo Villegas (2016), é uma alternativa para a superação da visão reducionista e simplificadora do conhecimento, para a qual terá que incluir o irracional e o antirracional, a desordem, o paradoxo; bem como a busca de sentido para a vida a partir de uma perspetiva que transcende o imediatismo e o utilitarismo.

O que implica transcender para esta nova abordagem profundamente auto-reflexiva, que propõe a hibridização da consciência crítica e do compromisso ético-estético, que implica a formação de subjectividades transgressoras que se movem na ação com uma pluralidade de projectos colectivos; que propõe utopias realistas, plurais e críticas.

Convida a uma compreensão do mundo em toda a sua complexidade, para a qual coloca alguns desafios: articular cultura, filosofia, ciência e natureza; bem como maximizar a procura de conceitos alternativos através de diálogos transdisciplinares, onde a partir das diferentes visões dos membros da equipa e através de um processo de inter-colaboração, se abrem possibilidades para novas produções da realidade.

REFERÊNCIAS

Alcántara, T. (2023. Incentivos para projectos comprometidos com a economia circular. Disponível: inddubio.com/....

Albaladejo, M; Mirazo, P e Franco, L. (2021). A economia circular: um modelo económico que conduz ao crescimento e ao emprego sem comprometer o ambiente. UN-EMF. Disponível: news.un.org/en/....

Almeida-Guzmán, M e Diaz-Guevara, C. /2020). Economia circular, uma estratégia para o desenvolvimento sustentável. Avanços no Equador. Estudos de Gestão: Revista Internacional de Gestão, 8, 35-57. Disponível: revista.uasn.edu.ec/index.php/eg/...Arriols, E. (2021). *Crise ambiental global: o que é, causas, consequências e soluções.* Disponível: ecologíaverde.com/...html.

Apd. (n/d). Tendências e objectivos da economia verde: a via para o desenvolvimento sustentável.apl.es/....

Bachelard, G. (1989). *Epistemologia.* Barcelona: Anagrama

Banderas Maya, M. (2020). A complexidade da formação de professores a partir de uma abordagem transdisciplinar. *Complexidade e transdisciplinaridade.* M V Navas Avilés coord. México: Castellano editores digitais.

Badii, M; Landeros, J e Cerna, E. (2007). O papel dos ecossistemas na sustentabilidade. *CULC e T/Ecologia* 4(21), 19-28. Disponível: https://dialnet.uniioja.es.

Bariggi, M. (2021). Tributação ambiental e finalidade extrafiscal. Órgão arrecadador ambiental. O caso da província de Buenos Aires. Revista Anales 18(51), 237-261. Argentina: Universidad de La Plata (UNLP).

Bateson, G. (1993). *Espírito e natureza*. Buenos Aires: Amorrortu.

BBC. News World (2023). *O que é a economia circular e por que ela é importante para a América Latina?* Disponível em: bbc.com/world/news-65726779.

Cadenas, N. (2019). Ecoefetividade como estratégia para alcançar o desenvolvimento sustentável: Uma análise baseada no paradigma cradle to cradle. Dissertare 41(1), 39-56. Barquisimeto, Venezuela: UNEXPO. Disponível: evista.uclave.rg/index.php/dissertare/....

CAF Banco de Desenvolvimento da América Latina e das Caraíbas (2023). *Ecossistemas naturais latino-americanos, chave para a mudança climática.* Disponível: caf.com/en/....

Córdova, R. (2023). *Economia circular na Venezuela: o desenvolvimento sustentável pode melhorar a economia do país?* bancaynegocios.com/....

Di Salvo, A; Romero, M e Briceño, J. (2009). O estudo dos ecossistemas a partir da perspetiva da complexidade. *Multiciencias*, 9 (3).242-248. Ciências do Ambiente. VII Jornadas de la Investigación y Postgrado. Maracaibo, Venezuela: Universidad del Zulia.

Fundação Ellen MacArthur (EMF,2021). *O que é a economia circular?* Disponível em: https://www.ellenmacarthurfoundation.org.

Fundação Ellen MacArthur (EMF, 2020). *Criar as condições para a colaboração.ellenmathurfoundation.org/en/....*

Espinosa Fernández, M. (2018). *A economia colaborativa. Origens, evolução e desafios futuros Em que consiste realmente este novo fenómeno?* Madrid: Universidade Pontifícia Comillas. Disponível: repositorio.comillas.edu/jspui/bistrean/....

Enelx (n/d). *O que é a economia verde?* Definição e significado. Corporate.enelx.com/pt/....

Eurofins (2021). *O que é a servitização e qual a sua relação com a economia circular?* Disponível em: Eurofins-enviroment.es//....

Fernández, L. (2008). Lo Trans. *Cibertrónica 8. Revista de Artes Mediáticas.* Disponível: www.untref.edu.ar/cibertronic/lo-trans/nota 10/indexhtml

Forero, T. (2021). *5 empresas com economia colaborativa: Utilize 100% dos seus recursos.* Disponível: crchana.com/blog/....

Fundação para a Economia Circular (FEC, n.d.). *Economia Circular. Fonte.* Disponível em: economiacircular.org.

Fullerton, J. (2023). *Economias regenerativas.* Escuelaecologíahumana.com.ar/....

García-Suaza, A et al. (2023). *Análise da demanda de empregos verdes com base em informações de vagas para a América Latina e o Caribe no contexto da transição energética.* DOCUMENTO DE TRABALHO DO CAF, O6. Socioteca.caf.com/bitstream/handle.

Guevara Cantillo, R. (2021). *Títulos verdes e sua aplicação na Venezuela.* Disponível em: estrategia sustentable.com.mx

Játen Lásser, A e Perdomo Játen, T. (2019). Ecologia Industrial: Uma abordagem ambientalista sistémica para uma abordagem de economia sustentável? *Economia* XLIV (47), 47-74. Iies.faces.ula.ve/...pdf

Lanz, R. (2006). El Discurso Político de la Postmodernidad. Caracas: UCV

Lapping, M. (2022). *A colaboração é a chave para alcançar a economia circular*.tecnobebidas.com/....

Luengo González, E. (2018). *Las vertientes de la complejidad*. Coleção Alternativas del Desarrollo. México: ITESO, Universidad Jesuita de Guadalajara.

Maldonado, C. (2015). *Introducción al pensamiento de punto hoy*. Bogotá: Ediciones desde abajo.

Maldonado, C. (2012) *O que são as ciências da complexidade? Derivadas da complexidade. Fundamentos científicos e filosóficos*. Colômbia: Universidad del Rosario.

Manrique, C. (2018). Multi-r (evolução) matou a economia circular. *Telos*. Fundación telefónica.com/....

Marcet, X; Marcet, M e Vergés. F. (2018). O que é a economia circular e por que é importante para o território? *Documentos do Pacto Industrial* 4.1-56. Barcelona, Espanha. Disponível: www.pacteindustrial.org.

Matteo, C. (2005). Gestão e Desenvolvimento Sustentável: uma abordagem ética e de responsabilidade social. *Revista Eletrónica Libre y Licenciamiento* (CLIC),8, 30-55. Mérida: CENDITEL. convite.cenditel.go.ve/...pdf

Morín, E. (2005). *Complexidade restrita, complexidade geral*. Colóquio Inteligência da Complexidade: Epistemologia e Pragmatismo. Cerisy La Salle.

Morín, E. (1986). *Método I. A natureza da natureza*. Madrid: Cátedra

Morín, E. (1982). *Ciência com consciência*. Barcelona: Anthropos.

Natalichio, D. (2023). *Qual a diferença entre a economia verde e a economia circular*. Ecoportal.net/...

Navarrete, D. (2023). *GRÚN Engenharia*. Disponível em: grun-engineering.com

Nicolescu, B. (1996). *Transdisciplinaridade*. França: Du Rucher.

OCDE (2023). *Transição verde e formalização*. https://www.oecd.org/...pdf.

Oliver-Sola, J et al. (2017). *A ecoinovação como chave para o sucesso empresarial. Tendências, benefícios e primeiros passos para ecoinovar*.librosdecabecera.com/mx.

ONU. (2021). *A economia circular: um modelo económico que conduziu ao crescimento e ao emprego sem comprometer o ambiente. Assuntos Económicos*. Disponível: news,un.org/story/....

ONU. (2015). *Eco-inovação nas pequenas e médias empresas*. Unep.org/en/....

Pardavé, W. (2015). Estratégias ambientais dos 3Rs aos 10Rs. ecoe.ediciones.mx.

Piaget, J. (1970). *Lógica e conhecimento científico. Natureza e método da epistemologia*. Buenos Aires: Proteo.

Prigogine, I. (1997). *As leis do caos*. Barcelona: Drakontos/Crítica.

Prschaltus (2020). Eco-inovação. Do berço ao berço: design ecologicamente inteligente. Disponível em: w4.escolopia.cat/terrasa/...pdf.

Repsol Global (2024): *O que é o eco-design? A sustentabilidade como chave para a inovação.*repsol.com/pt/...eshtml.

Reynosa Navarro, E. (2015). *Crise ambiental global. Causas, consequências e soluções práticas.* Munique: GRIN Verlay GmbH

Rodríguez-Martín, A; Palomo-Zurdo, R e González-Sánchez, F. (2020). Transparência e economia circular: análise e avaliação da gestão de resíduos sólidos urbanos municipais. *Revista de Economia Pública, Social e Cooperativa*, 99, 233-272. CIRIEC-Espanha.

Salvador, R; Taveira, J; Gómez, R; Ramos, D e De Francisco, A. (2019). *Economia circular: fundamentos e aplicações.* I Jornada Internacional de Investigación Tecnologica.6-12. Brasil: Research Gate.

Saint-Gobain (n/d). *O que é a eco-inovação?* Saint-gobain.com.mx/....

Speicher, J. (2023). Investimentos ESG: o que é e porque é que nos beneficia a todos. *Design&Make. Design&Make.* Disponível em: autodesk.com/pt.

Talentos, L. (2021). Eco-design, um elemento transformador para uma economia circular e sustentável. GREEN DEAL. El País. agendapublica.elpaís.com

União Europeia (2019). Economia circular. *Cadernos de Comércio e Sustentabilidade.* Espanha: Generalitat Valenciana

Vence, K e López, S. (2022). Economia circular e actividades de reparação e manutenção no México: especificidades e heterogeneidade da sua estrutura produtiva e laboral. *Nova Economia* 32(1), 231-260. Scielo.br/j/neco/a/....

Villegas, C et al. (2006). *El Enfoque Integrador Transcomplejo*. San Joaquín de Turmero: UBA.

Villegas, C (2009). *Praxeologia da Investigação Transcompleta*. Puerto Ordaz: UBA

Villegas, C. (2012). *Transcomplexidade. Uma nova forma de pensar*. Alemanha: Académica Española.